認識香港系列

五感識香港

新雅編輯室 著

鄧子健 繪

新雅文化事業有限公司
www.sunya.com.hk

認識香港系列

五感識香港

作　　者：新雅編輯室

繪　　圖：鄧子健

策　　劃：潘曉華

責任編輯：陳奕祺

美術設計：劉麗萍

出　　版：新雅文化事業有限公司

　　　　　香港英皇道499號北角工業大廈18樓

　　　　　電話：（852）2138 7998

　　　　　傳真：（852）2597 4003

　　　　　網址：http://www.sunya.com.hk

　　　　　電郵：marketing@sunya.com.hk

發　　行：香港聯合書刊物流有限公司

　　　　　香港荃灣德士古道220-248號荃灣工業中心16樓

　　　　　電話：（852）2150 2100

　　　　　傳真：（852）2407 3062

　　　　　電郵：info@suplogistics.com.hk

印　　刷：中華商務彩色印刷有限公司

　　　　　香港新界大埔汀麗路36號

版　　次：二〇二三年七月初版

　　　　　二〇二四年一月第二次印刷

以下照片來自 Shutterstock(www.shutterstock.com)：P.9 直升機；P.10 電車街景；P.14 粵劇表演；P.22-23 食物；P.30 陳皮、紅棗；P.33 點心；P.39 淺水灣；P.47 引導徑；P.50 水果店（攝影：mikecphoto）；P.51 肉店；P.64-65 幻彩詠香江；P.66 過斑馬線；P.75 夜景

ISBN: 978-962-08-8195-4
© 2023 Sun Ya Publications (HK) Ltd.
18/F, North Point Industrial Building,
499 King's Road, Hong Kong
Published in Hong Kong SAR, China
Printed in China

仍在夢魂中

離港 30 年，香江種種仍不時在夢中出現。

那夏日的蟬鳴，秋夜的昆蟲大合奏，都是如今我聽不到的；也曾在夢中遊電車河，叮叮聲中從筲箕灣到堅尼地城；或者在黃昏街頭，聽到家家戶戶的電視正在播《獅子山下》。

香港的麵包，菠蘿包、雞尾包、腸仔包⋯⋯香軟味美，絕非西人乾巴巴的麵包能及；腸粉、魚蛋等街頭小食都是美好的童年夢憶。

祖母粗糙的雙掌，冬夜捂暖我冰凍的小腳；淺水灣幼滑的沙灘，給我腳底的微癢。

母親端午節煮糉子，糉葉和糯米的香味使人垂涎；父親春節寫揮春，墨香滿室。

維多利亞港蔚藍的海水；太平山頂俯看城市璀璨的夜色；木棉樹挺直的英姿；鳳凰木花紅似火，這城市到處是美麗景色。

這些不同感觀帶給我夢中回憶和筆下靈感。

《五感識香港》通過簡約的文字，優美的圖畫，全面介紹了這個城市的各方各面，帶領孩子善用他們的五感，去認識這個城市，對孩子的益處是多方面的：

一、認識這個城市；

二、學習多運用五感去全面認識事物；

三、愛這個城市；

四、願意為增添這個城市的美好出力。

阿濃

香港著名兒童文學作家

用五感去記住香港文化

這是一本豐富的書。在這個以視覺為主導的時代，這本書給小朋友介紹五感的概念，除了視覺之外，以聽覺、味覺、觸覺和嗅覺去認識這個城市的特色。讀完這本書之後，相信家長和小朋友會繼續以五感去探索這世界。

這是一本歡樂的書。除了有文字和圖畫之外，書中更有觸感、聲音和嗅覺的體驗。可以想像，當小朋友閉上眼睛去摸、去嗅和去聽，那種刺激和好奇帶來的歡樂。

這是一本關於文化記憶的書。文化是城市的靈魂，我們對城市的印象和記憶，常常存在五感之中。每當我們嗅到新鮮出爐菠蘿包的氣味，就想到常去的茶餐廳；聽到粵劇的鑼鼓聲，就想起祖母帶我們去看神功戲；吃到家裏煮的菜，就感到家庭的溫暖；踏上熱燙的沙灘，就知道夏天已經來臨；在飛機上看到密集的高樓、熟悉的地貌，就知道已回到了香港。

我推薦父母和小朋友一起閱讀這本書，讓我們的下一代，以豐富和有趣的五種感官，去認識和記住香港的文化。

茹國烈

香港藝術學院院長

（著有《城市如何文化》）

給孩子的話

　　小朋友，你是否對透過「五感」認識香港充滿好奇呢？

　　人類的五種感官（簡稱「五感」）分別是「聽覺」、「味覺」、「嗅覺」、「觸覺」和「視覺」。「五感」是我們感知世界的橋樑，從五感角度認識香港，好比我們認識一個人的聲音（是低沉或響亮）、對食物的口味（嗜辣還是嗜甜的）、身上散發的氣味（香水味還是來自家中的氣味）、掌心的觸感（細滑還是粗糙）以及外觀形象（時尚還是樸素）。

　　香港是個多姿多彩、千變萬化的城市。這個精彩的城市，散發着不同方面的獨有特色。本書精選了香港一些能深深感染我們「五感」的具代表性及可持續發展的獨特事物，以精美插圖及活潑文字詳細介紹，讓讀者更立體地認識香港方方面面的發展。例如：**聽覺方面**，書中介紹了港島居民常聽見的「叮叮」電車聲；**味覺方面**，有結合了中西烘焙方法，充滿創意的民間美食菠蘿包；**觸覺方面**，小孩於炎炎夏日到美麗的海灘，以雙手把沙粒堆砌城堡，或在涼快的海水裏暢泳；**嗅覺方面**，香港不少寺廟經常香火鼎盛，青煙裊裊，傳出濃濃的香火味；**視覺方面**，乘纜車上太平山，可飽覽世界級的燦爛夜景。此外，為了增加讀者的感官體驗，書中部分內容還加入了特別效果，包括：聲效、觸感、嗅味，你試試把它們找出來吧！

　　值得一提的是，利用五感角度創作，是描寫文常用的方法。孩子閱讀本書，可激發寫作靈感，有更豐富的題材書寫香港，使描述之物具體可感。

　　最後，特別感謝為本書繪畫插圖的畫家鄧子健先生，他認真造訪香港多區，精心繪畫精美插圖，務求呈現豐富及逼真的場景，與我們一同努力給讀者呈獻這本《五感識香港》。

新雅編輯室

目錄

推薦序 1/ 仍在夢魂中（阿濃）
推薦序 2/ 用五感去記住香港文化（茹國烈）
給孩子的話

為了加強讀者的感官體驗，以下內容分別加入了 聲音、觸感、嗅覺 的特別效果，請翻到相關頁面，來聽一聽、摸一摸、嗅一嗅！

掃描二維碼聽一聽

電車叮叮聲 P.10

伸出手指摸一摸

海灘沙粒的顆粒感 P.39

搓搓紙張嗅一嗅

鼎盛的香火味 P.53

一：聽覺

小朋友，什麼聲音是你經常會聽見，或它一響起來，便會引起你的注意？是下課的鐘聲嗎？又或是交通工具的行走聲？抑或某種表演的音樂？如果要介紹香港特色的聲音，你會說出哪些呢？

在翻至下一頁,開始聆聽香港的特色聲音前,請你先完成以下任務。請以手機或平板電腦掃描右邊二維碼,細聽這些香港常聽見的聲音,而它們也出現在下圖中,試猜猜是什麼聲音吧。

1.

2.

3.

聽覺（一）電車叮叮聲

電車叮叮聲

聽一聽

　　1904 年，香港開始有電車行駛，它既是港島的交通標誌，也是香港歷史最悠久的交通工具之一。電車慢行時會發出清脆的「叮叮」聲，這種獨有的叮叮聲不僅成為港島很多居民生活的背景聲音，也給不少遊客留下深刻印象。人們更常以「搭叮叮」來代替「乘電車」的說法。

🌟 小專欄：趣味豆知識

狹窄街道的叮叮響聲

北角有一條春秧街，路上有狹窄的電車軌道，兩邊有店舖，人們頻繁穿梭，電車要發出叮叮聲，提示行人小心呢！

Richie Chan/shutterstock.com

由「叮叮」變成「咞咞」？

電車的警示聲「叮叮」清脆響亮。其實，在上世紀九十年代，電車加裝了汽笛聲響號，電車除了「叮叮」響，也可以「咞咞」叫。不過，大部分電車司機還是習慣發出「叮叮」聲為提示聲。此外，電車票價亦相對便宜，是不少往來港島多區人士的交通選擇。

尋找叮叮聲

司機腳下有個腳掣，踏下去便會發出「叮叮」聲。舊式電車的尾部也有這種腳踏，但不要隨意踏啊，以免對司機造成干擾。

▲舊式電單尾部的腳踏。

車行駛時，車輪撞擊路軌發出「哐碌哐碌」聲，比推車的聲音大得多。

電車外形轉變

車身最初只有一層，慢慢發展為雙層，由無蓋變成帆布帳篷。電車至今已發展到第七代，雙層有蓋，部分設有空調。

▲電車初期為單層。

此起彼落的交通聲

為了滿足人們在不同年代的生活需求，香港發展出形形色色的交通工具。隨着過海巴士及鐵路的成熟發展，逐步取代了渡海小輪，成為了往來香港島及九龍的主要交通工具。時至今日，香港有什麼交通工具？我們一起來聽聽它們的獨特聲音。

巴士

咔叭，引擎開動，巴士要開車了！巴士是我們常用的交通工具，香港目前共有九巴、城巴、龍運及嶼巴巴士公司，有接近700條巴士線覆蓋各區。

咔叭

雪糕車

奧地利的一首圓舞曲《藍色多瑙河》，是香港常見雪糕車的標誌音樂。「叮叮噹噹」的悦耳旋律吸引不少小孩和大人購買軟雪糕或甜筒。在尖沙咀天星碼頭、赤柱大街等人流密集的地方，有機會找到它的蹤影。

叮叮

輕鐵

香港還有另一款「叮叮」，它就是行走屯門、元朗及天水圍的輕鐵。每當開車前、駛入行人路和月台前都會「叮叮」響。有時，遇到緊急情況，輕鐵會響起「叭叭」示警聲。

直升機

香港的飛行服務隊，主要職責是架駛直升機前往撲滅山火、拯救受困市民。

嗶嘍

渡海小輪

隨着引擎「沙沙」聲響起，渡海小輪出發了，沿途聽見海風獵獵作響，還有浪花「哇啦」聲，相當寫意。以前陸路過海交通還沒發展完善時，渡輪是往來港島及九龍的主要交通工具。現時渡輪亦會往來港島、九龍及離島。

哇啦

單車

無論是「鈴鈴」、「叭叭」，都是單車不同的響鈴聲，提示行人要小心。在長洲、大澳等離島，居民以單車代步，人多時響鈴聲便會不絕於耳。

鈴鈴

小巴

為了解悶或接收即時資訊，小巴司機開車時都喜歡播放電台節目，聽聽新聞時事或音樂。

嗚嗚

山頂纜車

纜車爬上山時會發出細微的嗚嗚聲，但如果你忙着欣賞窗外高樓林立的景色，可能會錯過了這種嗚聲！山頂纜車由1888年投入服務，在2022年換上新裝，視野更廣闊。在短短8至10分鐘，纜車攀升至398米的太平山上。

轟隆隆

港鐵列車

港鐵轟隆隆的行走地面及地下，有時聲音大得聽不見旁人的說話聲。港鐵是我們常用的交通工具，不僅四通八達，而且班次頻密、車速快，更不會出現公路的堵車問題。港鐵還在繼續拓展網絡，讓市民來往各區更方便。

昂坪纜車

昂坪纜車行駛時一般很安靜，若遇上風季，你或會聽見風聲穿過車廂，有時車身會輕微搖晃，感覺刺激！昂坪纜車往來大嶼山的昂坪與東涌，全程約25分鐘。如果你想360度飽覽大嶼山景色，可以乘搭透明的全景纜車。

呼呼

篤篤篤、撐撐撐！

隨着這種拍子聲，你會聽見高八度的女聲，或低沉渾厚的男聲，在中樂伴奏下，一邊唸着對白或唱出古典曲詞，一邊演戲或武打，演出精彩的粵劇。粵劇又稱為「大戲」，是香港第一項世界非物質文化遺產，代表粵劇藝術在世界的重要地位。

粵劇的演唱特色

「唱」和「說」是粵劇的重要組成部分。粵劇的發聲方法稱為「喉」，分有不同唱腔。而「說」，是唸台詞，講究朗誦感和音樂感。

Yu Chun Christopher Wong/shutterstock.com

如何練聲？

粵劇的表演者要利用「工尺譜」來吊嗓，即練聲。

合	士	乙	上	尺	工	反	六
何	是	易	傘	車	共	泛	撩
sol	la	ti	do	re	mi	fa	sol

「合」至「六」是音階，若以西樂來表達，與「sol」至「sol」相近似，並以第二橫排唱出音階，例如以「何」唱出「合」。吊嗓可打開牙骹，使到咬字清晰，演唱充滿力度。

文武生
我演唱時聲線要提高，粗豪些，稱為「大喉」，表達激昂情緒。我負責武打場面和文戲，是第一男主角。

旦
我以假聲演唱，即是比平常高八度音，亦稱為「子喉」。擔任女主角的旦，稱為「正印花旦」。

生

我會用真聲演唱，即平時的自然發聲，稱為「平喉」。比起文武生，我的聲音會溫柔斯文一些。「生」是男性角色的統稱，而「小生」是第二男主角。

淨

我也是用「大喉」演唱，聲線粗獷，以突出我在粵劇中暴躁的性格。臉上塗上面譜色彩，是我的特徵。

小專欄：趣味豆知識

任劍輝

粵劇不少「生」的角色都由女性反串扮演，而香港粵劇史上，曾因此發生了美麗的誤會。唱腔渾厚低沉，極具穿透力的任劍輝，生得英俊帥氣、英氣勃勃，演活了文武生一角，使到不少粵劇迷都誤以為她是男兒身呢！

伴奏的樂器

伴奏樂器可分為旋律樂及敲擊樂。敲擊樂有鑼鼓、卜魚，發出「撐撐」或「篤篤」聲音；而旋律樂除了有二胡、古箏等，更有小提琴和色士風等西方樂器呢！

▼ 鑼鼓中的大鑼

▶ 卜魚

15

紅遍亞洲的港樂

你能即興唱出一首粵語流行曲嗎？在上世紀八九十年代，粵語流行曲紅遍亞洲，就算是不會說粵語的亞洲人，不少也能哼出幾句。除了粵語流行曲，香港還有童謠、民歌、廣告歌等音樂，串連成屬於我們的港樂。

粵語流行曲興起

上世紀七十年代中期，隨着電視劇流行，為電視劇而創作的歌曲大受歡迎，作曲家顧嘉煇、黎小田等以及填詞人黃霑、鄭國江等創作出大量主題曲。香港電影也在這時開始興起，而電影歌曲亦推動了流行曲的發展。羅文、許冠傑、溫拿樂隊等都是這時期出色的歌手。

許冠傑被譽為香港流行樂壇的開山鼻祖。他的歌詞常以口語表達，例如「我地呢班打工仔」。

巨星誕生

發展至八十年代，粵語歌曲進入成熟時期，百花齊放，巨星輩出，例如張國榮、譚詠麟、陳百強、梅艷芳等。

歌星張國榮紅遍亞洲，有強大的影響力。

八十年代香港樂壇亦有很多樂隊和組合出現，例如搖滾樂隊Beyond，他們創作了許多勵志歌曲，如《海闊天空》。

無遠弗屆的魅力

及至九十年代，「四大天王」大受香港樂迷喜愛，受歡迎女歌手則先後有葉蒨文、林憶蓮、王菲等。此外，流行曲更成功開拓內地及西方國家市場，不少西方國家都開始關注香港的流行曲。

「四大天王」包括劉德華、郭富城、張學友和黎明。

創造新血

近年香港各大電視台舉辦不同音樂比賽，為有潛質及夢想的年青人帶來機會，也給香港樂壇注入新血，不少年輕歌手及演唱組合由此誕生。

梅艷芳形象和歌曲風格百變，被譽為「百變天后」。

羅文是香港樂壇的先驅之一，一首《獅子山下》唱出香港人奮發團結的精神，為人熟悉。

民歌

民歌是屬於某個地方的歌曲，滲透了本土生活及人民感情。民歌在七十年代非常流行，多以英文為主。隨着香港有越來越多樂隊成立，並以唱粵語流行曲為主，粵語民歌也慢慢出現了。

歐瑞強被稱為「民歌王子」，他的民歌多為鄉村音樂，描繪自然風景，樂韻悠揚。

童謠

「凼凼轉，菊花園……」當你還是寶寶時，媽媽可會唱童謠哄你睡覺或逗你開心？童謠的對象是小朋友，唱起來琅琅上口。

欣賞音樂的場地

香港有不少欣賞音樂的場地。想看演唱會，與一眾歌迷放聲為偶像喝彩，可以到香港體育館（簡稱紅館）；想靜靜欣賞音樂又可以到香港文化中心。

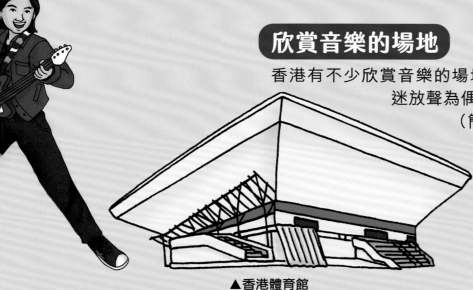

▲香港體育館

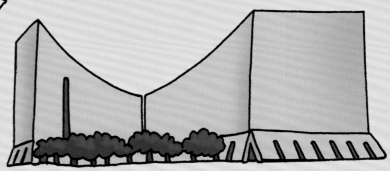

▲香港文化中心

廣告歌

一首成功的廣告歌，可以讓人輕易憶記，甚至唱至街知巷聞，促進產品銷售。在八九十年代，香港廣告業蓬勃，有不少家傳戶曉的廣告歌。

17

聽覺（三）工地隆隆聲

工地聲

聽一聽

每一天，鑽地聲、裝修工程聲或打樁聲，都在香港各處響起，猶如交響樂。這些頻繁、響亮的聲音，代表了香港在經濟、民生、社會等方面都在急速發展。

嗚滋滋

香港住屋和商廈常有裝修工程。

搭棚時，我們搬動竹子，竹子互相碰撞發出清脆的「碌碌」聲。

碌碌

「突突聲」是我們在鑽地。不少渠務、水務、電力和路面維修工程都需要鑽地。

突突

水務署
WATER SUPPLIES DEPARTMENT

不便之處謹此致歉
WE APOLOGIZE FOR ANY
INCONVENIENCE CAUSED

合約編號
CONTRACT NO.

這段 This Section

全段 All Sections

打樁（蓋樓）

香港遍地高樓，蓋樓打樁的「達達」聲可説是我們的生活聲音。為了使到高樓結構穩健，以打樁建設穩固的地基是非常重要的。

🚀 小專欄：知識加油站

打石工程轟轟聲

除了打樁聲，「打石工程」的「隆隆」或「轟轟」聲是另一種常聽見的工地聲。一般興建地庫或地下停車場便需要進行打石工程，由裝有打石裝置的挖掘機鑿開地面的石頭，深入地底。

興建天橋

「突突」鑽地聲、「碌碌」搭棚聲，都是興建行人天橋常聽見的聲音，而如果要建造接駁升降機，還會有「達達」打樁聲。天橋連接不同建築物，而荃灣更擁有全港最長的有蓋行人天橋系統。

香港重大建設項目

為了改善人們生活環境,推動香港可持續發展,香港政府大力推動基礎建設發展。在 2007 年還宣布推動十大建設計劃,包括了拓展鐵路網絡、興建跨境大橋、建設都市新發展區等重大工程。

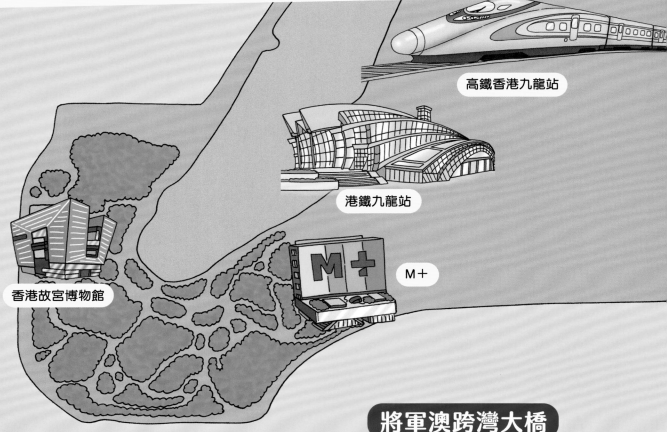

高鐵香港九龍站

港鐵九龍站

M+

西九文化區

西九文化區在2013年開始分階段進行發展,戲曲中心、M+、香港故宮文化博物館相繼落成,其他項目仍在建設中。西九文化區已發展成集合文化、藝術、表演和休閒於一身的地點,吸引市民到此遊玩。

香港故宮博物館

將軍澳跨灣大橋

工程人員利用浮托法,把超過一萬公噸的雙拱鋼橋組合起來。它興建了四年,把將軍澳與藍田連接起來,方便市民往來,節省車程,更是市民散步和騎單車的好去處。

機場第三跑道

香港國際機場第三跑道採用比較安靜、避免干擾白海豚生活的填海方式建成。跑道從2016年動工,於2022年正式啟用,紓緩其餘兩條跑道飛機起降的飽和情況,保持香港作為國際航空樞紐的競爭力。

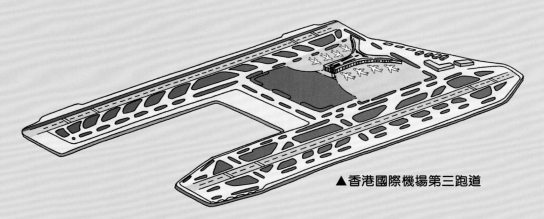

▲香港國際機場第三跑道

港珠澳大橋

這項超級工程共花了九年時間完成，由香港至澳門及珠海口岸全長42公里，是全球最長的橋隧組合跨海通道，也是世界十大最長的橋之一。

勵德邨

勵德邨位於灣仔大坑，是啟用於上世紀七十年代的公共房屋。建造時用了大幅竹棚，常聽見竹枝碰撞的「碌碌」聲。它其中四座是圓柱形，在香港極為罕見，吸引不少人前來拍照。

啟德遊輪碼頭

啟德遊輪碼頭的前身為啟德機場跑道尾部，改建期間在岸上發出「達達達」聲的打樁，前後花了約四年竣工，在2013年啟用，期望為香港旅遊業帶來新機遇。

沙中線

香港鐵路不斷拓展，近年努力興建沙中線，連接大圍至金鐘。對於生活節奏急促，「時間便是金錢」的香港人而言，沙中線大為便利了往返港島上班的新界居民。建造沙中線需要進行隧道鑽挖，發出「轟轟」聲。

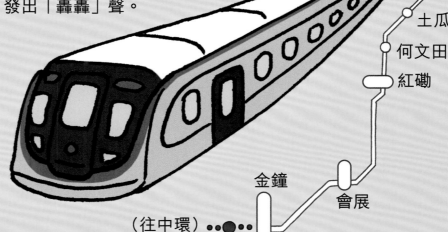

（往沙田）

大圍
顯徑
鑽石山
啟德
宋皇臺
土瓜灣
何文田
紅磡
金鐘
會展

（往中環）

二：味覺

舌頭布滿味蕾，帶來甜、酸、苦、辣的味覺體驗。小朋友，你喜愛什麼美食？是魚蛋、雞蛋仔、炭烤魷魚等街頭小食嗎？還是茶樓的點心？抑或在餐廳品嘗的大餐呢？香港的食物種類豐富，被譽為「美食天堂」呢！

味覺任務 🔍

在翻至下一頁，開始發掘香港各類美食前，請你先完成以下任務。下面的孩子要回家吃飯，試根據他們對晚餐的描述，找出他們的家。

1. 晚餐有不同蔬菜，還有媽媽煲的湯水。

2. 媽媽買了刺身回來，而姊姊最近健身，要吃超級食物。

3. 今晚除了有海鮮大餐，還有甜品啊！

505

味覺 (一) 港產特色菠蘿包

菠蘿包最早在上世紀六十年代出現，那時，香港麵包款式不及現在多，口味較為單一，頭腦靈活、善於變通的香港人便發揮創意，把中式酥皮蓋在西式麵包上，菠蘿包由此誕生。菠蘿包外脆內軟，香甜美味，是大家十分喜愛的包點。

美味包點

菠蘿包蓋着金黃色酥皮，上面有格子裂紋，看起來像極了菠蘿，便叫做「菠蘿包」。吃起來，外脆內軟。

創意吃法

在暖暖的菠蘿包中夾一片冰涼的牛油，冷熱交融，這便是著名的菠蘿油！如果配搭番茄或煎蛋等，又成為菠蘿漢堡。茶餐廳為菠蘿包創出不同吃法，反映了香港人的靈活和創意。

▲菠蘿油是大受歡迎的包點。

菠蘿包呀菠蘿包！

行運茶餐廳

彩虹雪糕屋
RAINBOW ICE-CREAM

香濃咖啡奶茶

馳名蛋撻麵包

WILDWOOD
THE OUTDOOR WALKER

> 關於麵包，流行一則笑話，那就是「菠蘿包沒有菠蘿，豬仔包也沒有豬仔」。

盤點茶餐廳美食

在茶餐廳可以找到各類中西式、多元化的美食，除了菠蘿包，還有西多士、雞蛋牛肉三文治、魚蛋粉、燒味飯以及炒粉麵等等。茶餐廳的美食價錢大眾化、種類豐富，是香港的特色食店。

> 菠蘿包的款式越來越多，紅色是紅豆味、黑色是芝麻味，而我最喜愛綠色抹茶味。

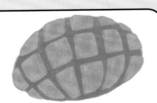

▲ 抹茶味菠蘿包

☆ 小專欄：趣味豆知識

不能吃的菠蘿包

有的菠蘿包能看不能吃，你知道是什麼嗎？香港太空館的外形呈半圓體，外牆由一個個方格組成，看來像極菠蘿包！另外，西貢橋咀洲有數十塊因風化侵蝕而龜裂的「菠蘿包」石頭。你不妨也發掘身邊會否出現這些「菠蘿包」。

◄ 香港太空館

橋咀洲的菠蘿包石頭 ▶

回味無窮的民間小食

上世紀五六十年代，不少香港人為了謀生而投身小販行業，在街頭販賣小食。時至今日，這種販賣形式雖已改變，但這些街頭小食卻保存下來，成為充滿民間風味的美食，為人們創造回味無窮的生活記憶。

車仔麵

香甜的蘿蔔、彈牙的魚蛋、入味的豬皮……一個個金屬盤放有各種食物，食客可自由組合。車仔麵最初是由小販推着木頭車在街頭叫賣，後來才轉型為店面。

雞蛋仔

雞蛋仔外面焦脆內裏柔軟，雞蛋和牛油香味濃郁。五十年代，香港有些雜貨店不想浪費破裂的雞蛋，便將麵粉、牛油混和蛋漿烘焗，慢慢製成了雞蛋仔。除了用電爐烤雞蛋仔，炭烤方式也很受歡迎。

雪糕紅豆冰

順滑的淡奶混合着綿爛的紅豆沙和細碎刨冰，吮一口頓時透心涼。雪糕球可以用匙子舀來吃，也可以讓它在淡奶中融化。

炭烤魷魚

經過炭烤，再掃上秘製辣汁或醬油的魷魚，越嚼越惹味，特別是魷魚鬚的位置最香脆。炭烤魷魚在從前很常見，戲院外都是炭爐車仔在烤魷魚，還有竹蔗、鮮菠蘿等美食。

大魷魚

瀨尿蝦

魷魚

煎釀三寶

將新鮮鯪魚肉釀在茄子、青椒和豆腐上煎香，淋上醬油，便是美味的煎釀三寶，是受歡迎的街頭小食之一。

蛋撻

蛋漿香滑、外皮鬆脆，新鮮出爐的蛋撻配奶茶，是香港人喜愛的下午茶組合。

炒栗子

外殼脆卜卜，入口香甜軟糯，是冬季限定美食，天冷時捧在手中倍感溫暖。

港式奶茶

奶茶濃郁醇厚，奶香中散發紅茶味。港式奶茶又稱「絲襪奶茶」，全因用來沖泡奶茶的紅棉網被紅茶染成咖啡色，像絲襪的顏色，而且特別香滑。

碗仔翅

拌入了醋的碗仔翅酸酸的，裏面有木耳、冬菇、雞肉，把材料切成一絲絲的就像魚翅。香港提倡禁捕鯊魚做魚翅，碗仔翅則是對鯊魚無害的一道美食。

魚蛋

魚蛋彈牙鮮味，用竹籤串起來，吃前蘸上店家的獨門醬汁。當中，咖喱魚蛋大受歡迎，將魚蛋放進由咖喱粉調製而成的湯汁中熬煮，炮製出風味獨特的咖喱魚蛋。

味覺（二）有甜有苦的涼茶

香港氣候又濕又熱，一不小心就會生病。為了克服濕熱的氣候，人們常喝涼茶來養生保健。涼茶不是只有苦味，還有甜和酸，種類繁多，功效也各不相同。

從前香港有很多人為勞動階層，收入低微，小病就會喝便宜的涼茶紓緩，平時也可喝來保健。

外婆，這個奶白色的涼茶甜甜的，很好喝啊！

廿四味真的好苦啊！黑得像墨汁，藥味濃烈，但是，它可以清熱解毒。我最近常常加班，長了很多痘痘，要喝一碗下火啊。

苦茶與苦藥

有些涼茶喝起來苦苦的，顏色也很黑，但它們並非中藥。中藥是中醫開給患者服用的藥，而涼茶則是日常保健，兩者不同。

盡顯智慧的**保健食療**

聰明的香港人除了懂得飲用涼茶保健，還會注重以食療來養生。例如把中藥入饌、飲用家常湯水、吃時令食物，更會進食「超級食物」，盡顯香港人的飲食智慧。

住家暖湯

香港的家庭主婦經常熬煮濃郁或清香的湯水，迎接下班下課的家人。香港春夏炎熱潮濕，秋冬則乾燥，媽媽選用不同蔬果、肉類、海味和藥材等給家人熬湯養生。一碗家常湯水，喝的不僅是美味，更是媽媽對家人的愛心和關懷。

🚀 小專欄：知識加油站

藥膳

藥膳是將營養食物結合中藥的烹調方式，講求食物多樣化、配搭得宜，常見的有在湯水和甜品中加入陳皮和紅棗。

▲陳皮

▲紅棗

甜美的木棉花

木棉花帶有甜味，無論湯水或涼茶都可見到它的蹤影。在木棉花盛開的季節，可見到人們撿拾木棉花，曬好後與其他食材一同烹調。

甜甜辣辣的豬腳薑

豬腳薑的材料有薑、豬腳和雞蛋，以甜醋、酸酸的黑糯米醋熬煮而成，味道有甜有辣，層次豐富，豬腳和雞蛋入味又彈牙。豬腳薑是坊間的坐月食療，如果你的家中突然出現豬腳薑，很大機會有親友生下寶寶，請你們吃豬腳薑呢！

充滿智慧的時令食物

人們講求「不時不食」，即是吃對了時間，食物會更美味有營養。例如黃鱔適合在小暑吃，因為入夏後黃鱔進入產卵期，體肥健壯，特別鮮美和滋補，難怪民間有「小暑黃鱔賽人參」的說法。

春

春天濕氣特別重，薏米水有助祛濕。

夏

黃鱔煲仔飯，夏天最為肥美。

秋

大閘蟹含豐富的蛋白質，秋天時最為鮮美。

冬

羊肉能驅寒和暖胃，在冬天吃最適合。

一樣人吃百樣米

糯米排毒、小米補脾胃、薏米養顏……近年，無論是餐廳或住家，人們都喜歡混合多種米來做飯，讓食客或家人攝取多種營養。

超級食物

超級食物（superfood）是指營養高又健康的食材，例如牛油果、西蘭花等。不少喜歡健身、做運動，或注意體態的人士都喜歡吃超級食物，因為它們營養豐富，又不會對身體造成負擔。

▲牛油果含有豐富的健康脂肪來源。

燉煮水果

新鮮水果香甜多汁，而有些水果燉煮後不但別具風味，更可加強保健功效。例如在甜品店常見的冰糖燉雪梨，把雪梨炮製成甜品可潤肺止咳，民間還有「蒸橙止咳」的偏方，味道甘澀。

吃了豐富的牛油果早餐，我便會去做瑜珈。

味覺（三）一盅兩件飲茶樂

上世紀五六十年代，茶樓除了是吃飯的地方，更是不少商人談生意的場所。現在，人們仍喜歡到茶樓飲茶，到了周末更會一家大小到茶樓，品嘗一盅兩件、聯繫感情，而不少長者還會每天到茶樓吃早餐。

每逢周末、假日，很多人都像我們一樣帶爸爸媽媽上酒樓飲茶，聯繫感情。媽，來一件馬拉糕。

我平日也會過來飲早茶，還會看到不少老友記呢！

燒賣以雲吞皮包裹豬肉餡，四角捏出花邊，放上蝦、蟹子等。

馬拉糕味道清甜，口感蓬鬆，像個大海綿。

傳統雞紮以腐皮捲着雞肉、瘦肉、豬肚和魚肚。後來為了節省成本，改用火腿、芋頭或冬菇。

叉燒包鹹香微甜，外層形象多變，除麵包皮，還有菠蘿酥皮和雪山脆皮。

媽，多吃些。

哇，是我最喜愛的芒果布甸呀！

蝦餃晶瑩剔透，餡料由蝦仁和竹筍混和，鮮甜爽脆。

茶樓還有甜品供應，常見的有芒果布甸、紅棗糕、桂花糕。吃完鹹的再吃甜品，特別舒暢。

腸粉以雪白細滑的粉皮包着鮮蝦、叉燒或牛肉等，淋上醬油，味道剛剛好。

一盅兩件指什麼？

「盅」指的是以前客人用來沖茶的有蓋杯子，「兩件」是對點心的統稱，並非真的只有兩件喔！一家人圍坐在一起吃點心、喝喝茶，是很愉快的假日節目。

國際美食之都

香港人在飲食方面力求不斷創新,並匯聚了中西飲食精髓,多元化的美食選擇體現了香港對不同文化的包容,讓她獲得了「美食天堂」的美譽,也是香港國際化的其中一個重要特色。在這片彈丸之地,人們便能吃盡世界經典名菜。

德國菜

德國香腸和鹹豬手都是必吃的德國佳餚!德國香腸有多種款式,例如紐倫堡腸、豬肉脆皮腸,口感十足。鹹豬手外皮香脆,肉質嫩滑,每一啖都是肉。

德國香腸拼盤。

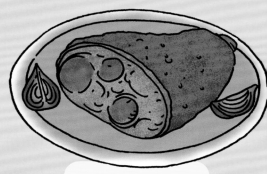

德國鹹豬手。

意大利菜

意大利薄餅是派對上的熱門美食,可以拉出來的芝士、各類肉料或蔬菜,任君選擇。另外,酸酸的肉醬意大利粉和芝士味香濃的意大利飯,都是我們常點的美食。

酸酸甜甜的肉醬意大利粉。

大大的薄餅最適合與家人朋友分享。

散發椰汁香氣的焗葡國雞飯。

葡國菜

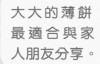

正宗口味的葡國菜,如脆皮乳豬、馬介休球、焗葡國雞飯等,在香港也吃得到。另外,在茶餐廳常見的「葡汁」,其實來自澳門,它融合了葡萄牙及東西亞菜的特色,來到香港加以發揚光大,一道「葡汁焗四蔬」成為新派粵菜。

我把家鄉風味帶到香港。

日本菜

日本是香港人的熱門旅遊點，而日本菜更是深受人們喜愛。刺身、壽司、鐵板燒各有千秋，而那入口融化的和牛更是人們心中的頂級美食。

刺身那柔軟或爽脆的口感，令人馬上要夾一片。

韓國菜

韓國菜以烤肉、炸雞、泡菜和辛辣食物為主。隨着人們追看韓劇的熱潮，大家對韓國菜的熱度有增無減。

辣炒年糕。

馬來西亞菜

亞參叻沙最為大家熟悉。湯底由魚肉、酸豆（亞參）等熬成，加入青瓜、芽菜、葱等配料，再拌以蝦醬，開胃醒神，吃一碗，元氣滿滿。

既鮮味又惹味的亞參叻沙。

越南菜

越南有一道名菜會否令你束手無策？它就是越南生牛肉河粉。吃時，把熱湯淋上生牛肉把它灼熟。牛肉嫩滑鮮美，還可加幾滴青檸汁在上面，化解油脂感。

越南生牛肉河粉。

以飯或烤餅配搭咖喱。

泰國菜

許多泰國人來港後在九龍城聚居，在那一帶開設許多泰國餐館。冬蔭功湯又酸又辣，味道刺激；芒果糯米飯清新香甜，口感軟糯，還可淋上椰漿，增添風味。

芒果紫糯米飯是個飽足感十足的甜品。

印度菜

不少印度人在香港開設印度餐廳，提供口味正宗的印度菜。咖喱配以稱為Naan的烤餅或印度香飯，再點一杯叫Lassi的乳酪飲品，相當滿足。

我為大家帶來鮮味的刺身。

三：觸覺

皮膚是身體最大的器官。小朋友，什麼東西是你經常摸到的？你留意到它們的觸感嗎？是軟的、硬的、幼滑的，還是粗糙的？你知道一些觸感設計還具有關愛社羣的功能嗎？另外，憑着人們的一雙巧手，更創造出不同工藝品呢。

觸覺任務

在翻至下一頁，開始感受香港的獨特觸感前，請你先完成以下任務。試根據下面孩子的描述，由 1 至 3 在方格內填上他在公園遊玩的先後次序。

我先玩有點滑和顆粒感的，再玩有點燙手的，最後是硬梆梆的。

觸覺（一）觸感豐富的海灘

香港擁有超過 40 個公眾海灘，主要分布於南區、大嶼山、屯門和荃灣。炎熱的夏日，人們喜歡前往海灘玩沙、曬太陽，或進行水上活動。海灘上的沙充滿顆粒感，無論是堆砌沙丘城堡，還是站在海邊讓浪潮帶走腳下的沙粒，都可以感受到沙粒在不同狀態下的有趣觸感。

香港擁有多個海灘，各具特色，例如淺水灣泳灘像一彎月，沙粒幼細，摸起來很滑，加上附近餐廳林立，每到夏天便非常熱鬧。

我喜歡躺在沙上曬日光浴，背後傳來沙粒的凹凸觸感。早上欣賞藍天白雲，晚上又可觀星，對工作繁忙的香港人來說實在是一大享受呢！

雙腳踩在細軟的沙粒上，感受沙粒傳來的熱力和凹凸感，再跳起扣球，這就是沙灘排球。

小專欄：知識加油站

香港海岸線特色

香港面積不大，卻擁有約長1,180公里的海岸線。彎曲的海岸線形成不同的海灘，不論住哪一區，前往玩沙或暢泳都很方便。

▲ 淺水灣泳灘
（kylauf/ shutterstock.com）

我挖洞時，感受到表面的沙較乾，而下面的沙較濕。

我和妹妹一起把沙塞進小桶裏，慢慢堆成一座座小城堡。

當浪潮退去，沙便會在我腳下流走，很好玩！

摸一摸

生活中的質感

觸多一點

香港因其地理環境和氣候,而為居住其中的我們帶來獨特的觸感,例如岩石的堅硬、雨季的潮濕路滑,加上我們的生活習慣,更豐富了香港的質感。以下,我們透過不同觸感的對比,讓你感受屬於香港的獨特性。

岩石

香港的岩石種類主要是火成岩、沉積岩和變質岩。為了保育地質遺跡,同時提升大眾對地質的了解,香港設有世界地質公園,分為「新界東北沉積岩」和「西貢火山岩」兩個園區,園內的六角形火山岩柱羣,在2022年入選為首百個國際地質科學聯合會地質遺產地,是世界罕見的地質奇觀。

堅硬

▲西貢萬宜水庫的六角柱羣

VS

棉花糖

棉花糖有一枝枝和一顆顆的。隨着棉花糖棒在棉花糖機中轉動,輕柔如棉絮的棉花糖慢慢成形。至於一顆顆、揑起來軟綿綿的棉花糖,除可直接食用,更可作為燒烤美食,放在炭火上烤烘,逐漸膨脹,外脆內軟。

軟綿綿

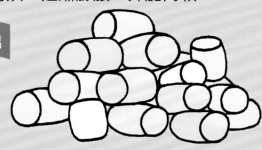

棋類

在公園常看到老伯伯圍觀別人下象棋。象棋多為木質,圓圓硬硬。同為木質的飛行棋也是硬硬的,而以玻璃製造的波子棋既冷且硬。

硬

軟綿綿

VS

夾毛公仔

香港很多成人和小朋友都喜愛夾毛公仔,碰碰運氣或一試實力。裏面的毛公仔毛茸茸、軟綿綿,讓人愛不釋手啊!

滑梯

以鐵打造、高約2至3米的舊式滑梯,常見於上世紀七八十年代的屋邨遊樂場,烈日下熱得燙手,但無阻小朋友一滑到底的興致。鐵滑梯現在幾乎絕跡,取而代之的是比較矮的塑膠滑梯,傳熱速度比較慢,沒那麼燙手。

熱、滑

涼沁沁

VS

海中游泳

炎熱的夏日,香港多個海灘人山人海。把身體泡進涼涼的大海,或暢玩滑浪風帆等水上活動,洗去夏季的灼熱!

榕樹

榕樹是香港常見的植物，樹幹粗糙。它們的氣根從樹上垂下來，慢慢由幼細變得粗硬，成為支撐它們生長的輔助樹幹。

粗糙 **VS** **滑**

雨天路面

香港潮濕多雨，下雨時路面都會變得濕滑，人們走在路上都要小心翼翼。但對小朋友而言，踏在小水窪上，濺起水花，又有另一番樂趣。

硬幣

香港硬幣在印有數字和洋紫荊的表面凹凸不平，較為粗糙，而二元及二毫邊緣呈波浪形，帶點刮手。

粗糙 **VS** **光滑**

絲絨布

摸上去光滑的絲絨布，可在深水埗新棚仔布藝市場找到。從前香港紡織業鼎盛，很多地方都賣布和製衣。現在不少時裝設計師仍會去新棚仔市場「尋寶」或找靈感。

渠蓋

香港的渠蓋大部分用鐵造，傳熱快，在夏天烈日當空的日子，便變成火熱的鐵板！坊間曾傳言，如果把雞蛋打在渠蓋上，也許會烤熟雞蛋呢！另外，不說不知，製造渠蓋的過程也是炙熱無比，需要把鐵磚放進煉爐中加熱至2,000度，熔成鐵漿，極為酷熱。

 **熱**

空調場所

香港室內地方常常開着空調，使到環境連同物件都變得涼快。例如交通工具的座位或扶手都是涼颼颼的，而圖書館的書也是涼涼的！當天氣熱了，這些空間便成為避暑好去處。

涼 **VS**

觸覺（二）傳統手紮兔燈籠

在過去物質比較匱乏的年代，人們會自製中秋燈籠，例如把西柚皮切開放進蠟燭，或者把蠟燭插進圓鐵罐中，可以放在地上推着滾動。時至今日，吹氣的塑膠燈籠成為主流，而手紮燈籠也逐漸式微。幸而，仍有一些師傅，堅持手紮中秋燈籠，希望能讓這一門手藝流傳下去。

這個金魚燈籠由五顏六色的玻璃紙製造，摸上去滑滑的，也很透光。

這隻大象鑲了珠片，摸起來有些粗糙。

手造燈籠很考驗耐心，一個小小的楊桃燈籠也要花上兩小時製作。

兔頭（白紙）

兔子的頭用白色紙剪成，再畫上或貼上眼睛，頭部也貼少許流蘇。

兔耳（色紙）

兔耳用色紙剪成細長的條狀，有些人會把人造毛貼在耳朵，做出毛茸茸的觸感。

兔頸（鐵線）

兔子的頸部用鐵線捲成彈簧，連接頭部和身體，這樣兔子便像在點頭。

兔尾（皺紙）

尾巴由剪開的皺紙製造，摸起來像一顆毛球。

兔毛（皺紙）

兔子的毛毛由顏色皺紙剪成一束束飄逸的流蘇而成，又輕又柔軟。

骨架（竹或鐵）

用竹或鐵紮好兔子骨架，再在兔子身上鋪上牛皮紙。

兔腳（木頭）

兔子的腳用圓圓的木頭製造，在兔子身上加上綁繩，便可以拉動行走。

傳統手工藝術

傳統手工藝術承載了人們積累下來的智慧、技巧及經驗，靠一雙巧手薪火相傳。手工藝術範圍廣泛，涵蓋了食物、紮作、雕刻、建築等，而一些手工藝術，如製作月餅、搭建戲棚、彩繪瓷器等，更被列入香港非物質文化遺產清單，反映了香港歷史的起源和發展進程。

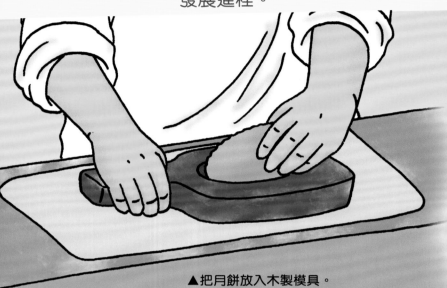

▲把月餅放入木製模具。

廣東月餅

傳統廣東月餅用於中秋節慶祝，需以人手搓捏餡料及外皮，再用木製或塑膠模具壓出形狀。把餡料如油、蓮子揉在一起十分柔軟。

湯圓

湯圓以糯米粉揉成一團而成，裏面放花生碎或芝麻，摸上手軟軟黏黏的。製作湯圓非常適合作為親子活動，小朋友還可以發揮創意，加進不同餡料。

▲把餡料放入湯圓內。

糭子

每到端午節，除了買糭吃，還可自家製作糭子。先將乾乾的糭葉洗乾淨，把材料放進去，用水草紮實。蒸熟後，糭葉會黏黏的。香港的糭多是裹蒸糭、鹼水糭。

▲把綠豆、糯米等材料包進糭子。

豆腐花（磨豆）

石磨豆腐製品這門手藝已有數百年歷史，透過人手石磨鎖住黃豆的香氣，製作出來的豆腐花特別順滑，而且豆香四溢。由於手動石磨比較費工夫，一些店家會採用電動石磨機，繼續製作滑溜的豆品類美食。

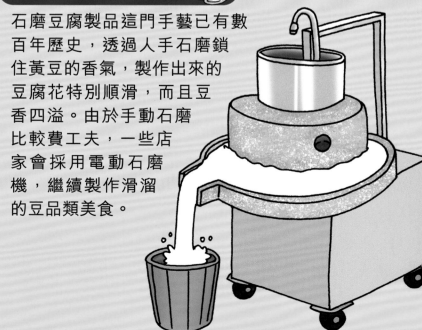

紙紮品

利用竹篾、鐵線、紗紙、漿糊、布等，配合一雙巧手，便能紮出千變萬化、逼真的紙紮品，例如房屋、食物、人偶等。它們常用於節慶及喪葬儀式。

彩繪瓷器

香港的彩瓷技藝源自廣州，在二十世紀發揚光大，當時連海外政要人員都向香港訂製彩瓷。香港的彩瓷揉合了中西元素，線條較為繁複，並常畫滿了花。

飄色巡遊

飄色巡遊由帶輪子的「色櫃」推動，以「色梗」（鐵架）作為支架，支撐小朋友坐在上面的「色芯」，這便是長洲飄色巡遊的核心工具。

▲色芯

中式長衫

中式長衫源遠流長，由清朝的服飾演變而來，分為男、女裝。在新界一些宗族的傳統儀式中，德高望重的長輩會穿上男裝中式長衫。女裝長衫又稱為旗袍，展現了女性的美態。裁縫為客人量身訂造中式長衫，布料柔順，舒適得體。

戲棚

戲棚是粵劇的臨時表演場地，由竹子和杉木構成框架，再鋪上鋅鐵片。巨大的戲棚能容納1,000人，建造過程全憑搭棚師傅的經驗，有的戲棚更要搭建在岸邊或懸崖上，極具挑戰性。

▼蒲台島建在懸崖上的戲棚。

45

觸覺（三）觸得到的無障礙生活

小朋友，你有留意到一些公園地圖、升降機的數字旁都有凸出來的點點，而地上也有會圖案凸起的地磚？你知道它們有什麼用途？其實這些都是方便視障人士使用的設施或小幫手。

遊樂場摸讀地圖
Tactile Map of Playground

圖例
Legend

你在此
You are here

出入口
Exit/Entrance

北面線
North-line

引導徑
Guide Path

樓梯
Stair

斜道
Ramp

長椅
Bench

男洗手間
Male Toilet

女洗手間
Female Toilet

暢通易達洗手間
Accessible Toilet

足球場 Football Field

看台
Stand

兒童遊樂場
Children's
Playground

兒童遊樂場
Children's
Playground

★ 小專欄：趣味豆知識

粵語點字

點字又稱凸字，由凸起的點組成，每一格最多可以有六點。粵語點字由三個分別代表聲母、韻母及聲調的方塊，合成一個發音，視障人士可靠手指觸摸理解文字。

摸讀地圖

摸讀地圖會出現在公園、商場等地方，它表面不平，上面有很多凸出的點字和圖案，有的摸讀地圖還有語音導航。這樣，視障人士便清楚自己身在何處了。

這是我的導盲犬白白，牠是我生活的好拍檔，能協助我前往目的地。雖然導盲犬很可愛，但大家不要觸摸牠們，因為牠們在工作中呢。

導盲磚

導盲磚大致有以下凸起的圖案：長條形代表前進；交錯排列的圓點表示到達某位置或轉方向；排列成方形的圓點有警示作用，如在馬路前，提示使用者停步，探索前面情況。

▲可前進。　▲表示轉向。　▲表示危險。

引導徑

引導徑由導盲磚組成，路徑上凸起的圖案讓視障人士能憑腳下觸感或手杖觸碰，辨認路面情況，安全行走。

城市裏的關愛設施

香港是一個關懷殘疾人士需要的地方，透過不同的無障礙設施，讓殘疾人士能更方便地在城市裏進行活動，達到傷健共融。

無障礙斜道

有些路面或建築物入口前設有斜道，讓輪椅人士便捷及安全地前往。部分斜道會鋪設表示觸覺警示帶的凸圓點，讓視障人士知道前面有斜道。

電子行人過路發聲裝置

這個黃色盒子安裝在交通燈柱上，部分盒子在底部設有震動裝置，以不同震動模式表示行人燈號，並有凸出的三角形指示過斑馬線方向。

◀常見的過路裝置，部分設有震動功能。

▶這款底部有震動功能。

輪椅斜板

巴士的輪椅斜板帶有少許磨砂質感，具防滑作用，方便輪椅人士上下車。除了巴士，港鐵也有活動摺板，由港鐵職員幫忙放置，讓輪椅人士上下列車。

輪椅位

香港濕地公園的觀鳥屋和觀景廊安裝了單筒望遠鏡。摸上去光滑又涼涼的望遠鏡不高，這個位置優先給輪椅人士使用，讓他們能舒適地欣賞風景。

低桌面詢問處

有些詢問處櫃枱會設有低矮的部分，那是為輪椅人士而設計的低桌面詢問處，桌面還設有一個凹位可放置拐杖。

暢通易達洗手間

這種洗手間內設有扶手，方便有需要人士握住借力。扶手旁安裝了緊急叫喚鐘，若不慎發生意外也能求救。

貼心提示卡

為了更好的服務聾啞人士，有的商場製作了這些提示卡，讓他們在服務處可以指着卡問問題，便利雙方溝通。

扶手設施

在斜道或平路設置扶手，給行動不便等有需要人士扶着慢慢走路。這些扶手有些是金屬質地，有些是塑膠質地，但不論哪種質地，都是為了給有需要人士借力，安全走斜道。

優先座

巴士和港鐵均設有「優先座」，又稱關愛座。雖然摸起來與普通座位一樣冷冷的，但用意卻是暖洋洋的，希望讓有需要的人，不論是長者、孕婦、身體不適或疲累的人優先坐下來休息。

四：嗅覺

嗅覺常常引起我們的回憶。小朋友，什麼氣味是你經常會嗅到，或一嗅難忘的？那些氣味是關於食物、地方、植物、儀式習俗，抑或是一段回憶？而你又喜歡那種味道嗎？

嗅覺任務

在翻至下一頁，開始嗅嗅香港的氣味前，請你先完成以下任務。試根據下面媽媽們的描述，猜猜她們去了什麼攤檔買餸菜。

1. 我嗅到新鮮清甜味。

2. 我嗅到海水及腥味。

3. 我嗅到鮮肉味。

嗅覺（一）鼎盛的香火味

道教在香港盛行，在這兒可以找到很多廟宇。黃大仙祠為其中最著名的廟宇，長年香火鼎盛，到了農曆新年除夕夜，還有上頭炷香儀式，廟內擠滿善信，青煙瀰漫，散發濃郁的檀香味。隨着青煙上升，人們希望能夠得到神明保佑。

☆ **小專欄：趣味豆知識**

頭炷香

在農曆新年除夕夜，踏入午夜十二時，黃大仙祠有上頭炷香儀式，大批市民早早守候在廟前，祈求新年事事順利，祠內則傳來濃烈香火味。

（相片由嗇色園黃大仙祠提供）

還沒到農曆除夕十二時已人山人海，大家都來趕上頭炷香。

嗅一嗅

我希望身體健康。

為什麼拜神時要焚香？

人們拜神時都會焚香，是希望透過焚香產生的白煙傳達到天上，與神明溝通，將自己的願望告訴神明，求神賜福。

53

一嗅難忘的場地

我們身邊還有什麼地方，會散發特殊氣味，讓人一嗅難忘？

小朋友，當你嗅到這些氣味時，會想起什麼？

大排檔

大排檔是指露天食肆，它們以鐵皮、木板和帆布搭建而成，在上世紀五六十年代非常流行，食物種類繁多，價格大眾化，深受當時收入不高的基層市民歡迎。現時，傳統的大排檔仍可在深水埗、中環等區找到，那由廚房飄來的鑊氣令人食欲大增呢！

燒烤場

烤得焦香的雞翅膀、香腸、肉排，混合炭點燃後的味道，這是大家熱愛的燒烤（BBQ）美食。香港設有各式燒烤場，人們愉快地一邊烤食物一邊聊天。

商場

遊走在商場不同層數，會嗅到不同氣味。例如在餐廳層，會有食物香味；若該層有蛋糕店，那甜香更是奪門而出！此外，香水店和護膚品店也令商場瀰漫一股甜蜜香味。

街市

街市有很多氣味混雜在一起，肉檔的鮮肉味、魚檔的海水味和腥味、冰鮮店的雪藏味、蔬果檔的清新味等等。不少人拉着手拉車在街市買菜，給家人做飯。

戲院

經過戲院門外總會嗅到爆谷的牛油甜香。在戲院邊吃爆谷邊看電影,是人們的休閒活動之一。雖然在市面也可買到爆谷,但在大家心中,爆谷還是在要戲院吃才有風味!

醫院

為了保持醫院高度衛生,保障病人及醫務人員的健康,醫院會經常殺菌消毒,所以充滿消毒劑氣味。另外,醫院在不同地方也設有酒精搓手液,潔淨雙手時,酒精味隨之散發。

花墟

位於旺角的花墟不是只有花朵的清甜香氣,還有清新草味,嗅着這些氣味像身處大自然。多走兩步,又有汽車排出的廢氣、蛋糕的香氣混在其中,為花墟加添了屬於香港的繁華特色。

公眾游泳池

一踏進泳池,便嗅到濃烈的氯氣味,代表泳池水已經消毒,泳客可以安心暢泳。泳池是夏天的消暑好去處,冬天則有暖水泳池,不怕池水太冰涼。

嗅覺（二）漁村土產蝦膏味

　　來到大澳、南丫島等離島遊玩時，你有嗅過一股鹹香味撲鼻而來嗎？這股濃烈的氣味來自馳名的蝦膏、蝦醬。香港人早期以捕魚為生，除了鮮活海產，還延伸出很多周邊產品，如蝦膏、蝦醬，用來烹調食物特別鮮味。

蝦膏、蝦醬的分別

無論是磚頭狀的，還是黏稠狀的，其原材料都是銀蝦。前者加少量鹽攪碎後拿去攤曬，無需發酵，較為結實，成為蝦膏；後者要以鹽發酵，所以比較濕潤，成為蝦醬。製作時，銀蝦的海腥味飄散開來。

我把蝦醬用手或用水瓢鋪在窩籃上曬，曬到差不多便要把蝦醬翻過來。

氣味強烈的食物

蝦膏、蝦醬氣味濃烈，有人深愛，亦有人敬而遠之。生活中有不少食物的氣味都有這種反差效果，你會喜歡它們，還是避之則吉？

臭豆腐

街頭小食臭豆腐，對不愛吃的人而言，它是臭氣熏天，但對於鍾情它的人而言，則是人間美食。臭豆腐的臭味主要來自發酵過程，但經油炸後，入口酥脆，內裏綿滑。

芫荽

「辛辣味」、「壞掉的肥皂味」都是人們對芫荽的氣味形容，甚至有「國際討厭芫荽日」，表達人們對芫荽的厭惡。不過，芫荽在香港越來越獲得青睞，製作成芫荽湯麵或芫荽雪糕等。

杏仁霜

杏仁用來煲湯你或許嗅不到杏仁味，但當杏仁拿來炮製杏仁霜，那氣味便非常濃郁，有些人甚至形容為藥水味。以前人們未能負擔貴價補品，而杏仁霜便宜之餘又有營養，便喝一杯補充身體所需。

榴槤

榴槤氣味很濃，嗅上去甜甜的，又像酒味，就算不切開它，也會飄來濃烈榴槤味，不少地方因為它強烈的氣味，而禁止人們攜帶榴槤乘搭交通工具。不過，很多香港人十分喜歡吃榴槤，連榴槤甜品或月餅都不會放過，實行全年都能吃到榴槤，嗅到榴槤香！

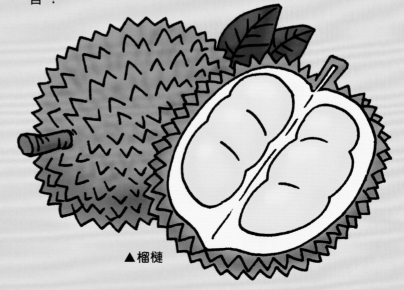

▲榴槤

腐乳、南乳

腐乳和南乳同樣以豆腐醃製而成。白色的腐乳帶有鹹香、豆味及辣味，常用來佐羊肉或炒通菜。紅色的南乳以紅麴米、紹興酒等發酵製成，常見於做素菜煲或南乳花生。

鹹魚

醃製鹹魚要用上大量鹽，以保持魚肉不會腐壞，嗅上去鹹鹹香香的。在二十世紀初，西營盤德輔道西、梅芳街一帶鹹魚店林立，街上送來陣陣鹹香。鹹魚含豐富鹽分和礦物質，成為當時勞動階層的恩物，幾乎家家戶戶都煮鹹魚吃。現在，一些老一輩仍喜歡以鹹魚佐飯。

⭐ 小專欄：趣味豆知識

鹹魚翻生

鹹魚的形象深入民心，連俗語也有鹹魚的蹤影。「鹹魚翻生」就是指人在遇到重大的失敗後，情況突然好轉，像死去的鹹魚回復生命一樣。

豬大腸

豬大腸本身帶有腥味，要是洗得不夠乾淨，腥味更強烈。豬大腸經油炸後，腥會味減淡，爽彈有嚼勁，配搭芥末和甜醬，成為街頭受歡迎小食！

🚀 小專欄：知識加油站

榴槤與大樹菠蘿

榴槤和大樹菠蘿看來相似，但味道大不相同，不要混淆喔。大樹菠蘿的發酵味較輕，氣味較香甜，也較易為人接受，而榴槤的氣味則濃烈得多。

糖果

滿眼都是一格格的糖果，甜味、酸味衝擊嗅覺，唾液分泌即時激增！各式糖果中，大受歡迎的有酸沙可樂糖、荷包蛋糖、香蕉糖等。快拿起夾子，把它們夾回家！

▲大樹菠蘿

嗅覺（三）香港名樹土沉香

雖然香港寸金尺土，但並不是全部土地都用來蓋樓。在這兒，我們還擁有綠油油的郊野公園，空氣中飄散着植物清香。當中，芳香的土沉香更與香港名字息息相關。

嗅不到氣味的土沉香？

土沉香本身沒有什麼香氣，開花時也只有微香，那麼，它的「香」來自何處？其實，那是當它被真菌感染或蟲蛀而受到傷害，就會分泌具有香氣的樹脂來防衞，稱為「結香」。

咦，還沒結果？土沉香的果實像綠色的瓜，成熟後會裂開，有根幼細的絲掛着種子垂下來，這時我便會飛過來帶走種子。

自然界的氣味

除了郊野公園，我們的城市中也有不少綠化植物。你可有試過突然嗅到一陣清香或濃烈的花香，使你停下來尋找香氣源頭呢？另外，有些植物更會散發臭氣，你猜到是什麼嗎？

洋紫荊

洋紫荊散發幽香，它的蹤跡遍布香港。它是香港的市花，無論在硬幣背面或區旗上，都可看到它。

雞蛋花

雞蛋花花香馥郁，在深水埗公園更有數棵列入《古樹名木冊》。雞蛋花的花瓣雪白，中間有淡淡黃色，看來像雞蛋的蛋白和蛋黃呢。

百合花

百合花高潔優雅，味道相當強烈！如果放在細小的空間種植，其香氣很快會盈滿一室。你知道嗎？新娘的花球常採用的花有百合，寓意「百年好合」。

白蘭花

街頭突然傳來一陣芬芳，原來是「白蘭花婆婆」在賣白蘭花。香港有不少白蘭花樹，這些婆婆摘花後，在路邊擺賣，也有的士司機把幾朵白蘭花放在車內除臭。

茉莉花

茉莉花的香氣很清爽，讓人心曠神怡。它小巧雪白，路過的話都可嗅到它的清香，而且它的開花期長達五個月。

小專欄：趣味豆知識

臭草

湊近臭草的話，或會被它的臭味臭倒。不過，當它變成綠豆沙的材料，又深受大眾喜愛。

馬纓丹

除了臭草，還有臭花，那就是馬纓丹。它可能因為太常見，讓你錯過了它。它的臭氣是有苦衷的，那是為了防止昆蟲吃掉它的莖葉。

野草

下雨後到公園，你會嗅到特別清新的泥土味和野草味嗎？這種大自然的氣味清新宜人，水珠掛在野草的尖端，晶瑩剔透。

小專欄：趣味豆知識

香花味的藥油

不少香港人都會在家中放有或隨身攜帶這款藥油，它氣味清幽，有點像水仙花，人們感到暈眩、噁心或痕癢時，用來按摩具紓緩作用。

荔枝椿象

龍眼樹本身氣味不濃郁，但有一種昆蟲，只要它噴出灼人的汁液，就會臭氣沖天，那就是荔枝椿象！它們喜歡寄生在龍眼樹上，受到威脅便會噴出臭液，路過龍眼樹要小心喔！

水仙花

水仙花香味很濃，有點像茉莉花，但散發微微甜香。水仙一般在農曆新年時開花，大家都會買一盆水仙花放在家中，等待它慢慢開花。

五：視覺

視覺是最強烈的感官之一。小朋友，你每天看得最多的是什麼？有什麼畫面讓你一看難忘？是一齣有高超特技效果的電影、有趣的建築或圖案，還是巨大的壁畫？如果你抬頭看，或望向地面，更會發現原來生活中也充滿了視覺藝術呢！

在翻至下一頁,開始飽覽香港的豐富視覺元素前,請你先完成以下任務。在下面大圖中,試試找出這三幅小圖的所在位置。

1.

2.

3.

視覺（一）匯聚人才的搖籃

香港是全球人口密度最高的地方之一。走在街頭，映入眼簾的是滿滿的人，除了本地居民，更有來自不同地區和國家的人們，他們都被商機處處、中西文化交融的香港吸引過來，成為我們的一分子！

★ 小專欄：趣味豆知識

人口密度之最

根據2021年的人口普查簡要結果，觀塘區人口最稠密，每平方公里住了接近六萬人。

我們銀髮一族好動又好學，越活越年輕，不時到公園耍太極、學習使用電子產品、到商場購物，甚至到學校繼續進修。生活上有政府的資助，我們也會回饋社會。

我們是由內地及海外過來念大學的留學生，喜歡香港能容納不同文化，教育水平也值得信賴。

為了給家人帶來更好的生活，將來生活有保障，我們投身各行各業，要趁年輕努力工作！

區區有特色

香港人口密度高，來自不同文化背景的人分布各區，為該區帶來獨特的人文風貌。這些文化涵蓋了住屋、宗教、飲食、節日儀式、生活等等。

大澳

住在棚屋的水上人

大澳民居包括客家人及水上人。當中，水上人靠捕魚為生，他們在水邊以耐用的坤甸木建棚屋，安居樂業。棚屋戶戶相連，成為大澳獨特風景，更有「東方威尼斯」之美譽。

北角

萬德莊嚴

禮佛的福建人

北角有不少福建人聚居，有「小福建」之稱。福建人大多信奉佛教，會拜佛唸經，因此乘搭電車經過北角一帶時，抬頭仰望，不難發現樓上有佛堂的蹤影。

薄扶林

尖沙咀

伊斯蘭信徒祈禱日

每逢星期五，信奉伊斯蘭的教徒都要前往清真寺或祈禱室祈禱。香港有六間清真寺，位於尖沙咀的是最大的，充滿伊斯蘭建築風格。

太平清醮

長洲太平清醮具有幾百年歷史，是島上一年一度的盛事，活動包括由孩童妝扮成歷史人物或神祇的飄色巡遊，以及緊張刺激的搶包山比賽。

潑水接福的泰國人

九龍城聚居了很多泰國人，他們把傳統節慶「潑水節」也帶來！街頭水戰、仙女古色巡遊、泰國傳統舞蹈表演等都是節慶活動！

中秋舞火龍

舞火龍習俗相傳源於一場瘟疫，已有過百年歷史。當時薄扶林的村民以禾草紮成象徵吉祥的龍，並在龍身插滿點燃的香枝，舞動着在村裏巡遊，為村民祈福，希望令瘟疫退散。

外籍人士的休閒聖地

蘭桂坊位於中環一個斜坡，由幾條小街組成，匯集了酒吧、各國餐廳，氣氛熱鬧歡樂，令人感到放鬆，深受講求工作及生活平衡的外籍人士歡迎。

祭祖分食的鄧氏

屏山鄧氏是少數仍保留「食山頭」習俗的新界氏族之一。他們上山拜祭時會帶備生豬等祭品及煮食工具，在墳前即場生火烹食，拜祭後再大家分吃，聯繫氏族感情。

姐姐們的快樂時光

被暱稱為「姐姐」的外傭，每逢放假便會打扮漂亮，和朋友相約到公園分享家鄉美食，或在香港尋幽探秘，度過愉快的假期。

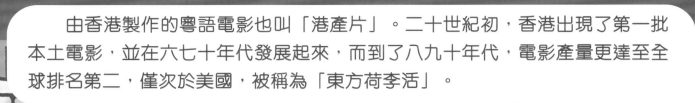

視覺（二）輝煌的電影事業

由香港製作的粵語電影也叫「港產片」。二十世紀初，香港出現了第一批本土電影，並在六七十年代發展起來，而到了八九十年代，電影產量更達至全球排名第二，僅次於美國，被稱為「東方荷李活」。

香港電影金像獎是華人電影獎項中，一項極高的殊榮。

成龍的多部荷里活電影均創下佳績，他的武打場面加入喜劇元素，讓觀眾看得緊張又開心。

李小龍是功夫電影界的經典巨星，雖然參演及製作的功夫片不多，但都風靡全球。

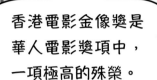 小專欄：知識加油站

璀璨的星光大道

位於尖沙咀的星光大道，為表揚香港傑出電影工作者而建。人們可一邊欣賞維港美景，一邊尋找巨星雕像。

許冠文的《摩登保鑣》被視為香港首部賀歲片，他更憑這齣電影奪得首屆香港電影金像獎最佳男主角。

揚威國際的影視明星

由甄子丹主演的《葉問》電影系列，在歐美掀起詠春熱潮。

周潤發憑着電影《英雄本色》獲得金像獎最佳男主角。為了突破自己，他來到荷里活發展，更憑着《卧虎藏龍》聲名大噪。

周星馳是著名的笑匠，他主演的電影，有着各種無厘頭的惹笑場面。

賀歲片明星

黃百鳴是八九十年代的賀歲片代表人物。1992年，由他監製和演出的《家有囍事》刷新了當時香港票房紀錄。

龍過雞年

⭐ 小專欄：趣味豆知識

什麼是賀歲片？

賀歲片是指歲末至農曆新年上映，慶祝新年的電影。一家人到戲院看賀歲片，是不少香港人過年時的重要節目。賀歲片的演員陣容鼎盛，內容幽默歡樂。

都市的藝術氣息

近年，不僅有世界級文化地標「香港故宮文化博物館」落成，多個國際藝術活動如法國五月藝術節，也選址在香港舉行，令香港成為中外文化的匯聚地。香港的藝術氣息還滲透進街頭小巷，你能把它們找出來嗎？

匯聚中西藝術的M+博物館

M+外形如倒轉的「T」字，坐落在西九文化區，設計開揚廣闊，是亞洲首間全球性當代視覺文化博物館。館內展出本土和國際藝術家的作品，題材和表現形式廣泛，以呈現多元藝術面貌。

館內多姿多彩的展覽

M+設有日本著名藝術家草間彌生的作品展覽，大家可欣賞到繽紛的圓點創作和南瓜雕塑。此外，還曾有「香港：此地彼方」展覽，以多種角度呈現香港的變遷。

實用美觀的街頭藝術

漫步街頭，你有沒有發現不少民生設施的設計都富有心思？

◀ 在有限的圓形或方形空間上，各巴士路線整齊排列。

▼ 小巴站牌分紅、綠兩色，上面畫有小巴車身。

▼ 鮮紅色的消防栓十分醒目，是消防員救火的好幫手，它的設計帶着工業風。

▼ 長方形、白底黑字的路牌，中英街名一目了然。另外，在2023年，政府於部分地方更換路牌字型，使其更具美感。

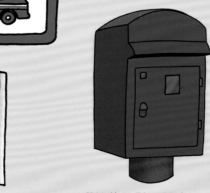

▲ 郵筒的設計一路演變，由幼圓柱形，發展至近年圓拱頂方箱柱形。

繽紛的紙皮石

以一格格的紙皮石拼砌出各種圖案，色彩繽紛，又有秩序感。除了公屋外牆或傳統涼茶店常使用紙皮石外，港鐵站內也可找到它的蹤影。（本書在某頁也有紙皮石插圖，你找到嗎？）

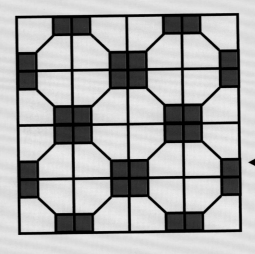

▲ 港鐵站名的牆身都有美麗工整的紙皮石圖案。

▲ 不少懷舊店舖的地板或公屋外牆，都可以找到紙皮石的拼貼藝術。

國學大師：饒宗頤

饒宗頤是香港著名學者和藝術家，他的國畫技法融合古今，自成一派，尤其是荷花圖為人推崇，更有「饒荷」之稱！香港設有饒宗頤博物館，不時展出他的作品。

街頭墨寶：九龍皇帝和渠王

曾灶財走遍港九街頭，以密密麻麻的書法重複地寫家族歷史，他部分墨寶更成為M+開館展覽的展品。另一位在大街小巷留下字跡的是通渠師傅嚴照棠，他用油漆在各區牆上用工整文字賣廣告，自詡為「渠王」。近年，他的作品更涉足時裝、商品設計呢。

李惠珍的《13点》，以時尚觸覺繪畫千變萬化的角色造型，啟迪了不少設計師和漫畫家。

精彩的港漫

你知道嗎？香港也有自己的本土漫畫，題材有生活故事、武俠故事，還有時裝主題。這些漫畫以前通常在報攤發售。

馬榮成創作了武俠漫畫《風雲》、《中華英雄》，當中《風雲》是他的代表作，至今多次改編成為電影、動畫、遊戲等。

王澤所畫的《老夫子》，幽默而富教育意義，故事中的老夫子、大番薯、秦先生等角色深入民心，為讀者帶來滿滿歡樂。

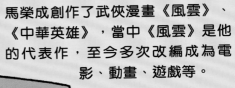

視覺（三）世界級的璀璨夜景

香港夜景全球排行十名之內，被稱為屬於「世界級」的絕色夜景。當太陽西沉，燈光相繼亮起，璀璨景色便如一幅畫卷般展現眼前，教人驚歎。

霓虹燈曾經是香港的燈飾代表。早在上世紀二十年代，人們為了招攬顧客，便在唐樓外安裝五光十色的霓虹燈。雖然霓虹燈已漸漸被LED燈飾取代，但在廟街、通菜街一帶，仍可一睹它的光彩。

中環海濱的摩天輪晚上亮起紫光，十分浪漫。

夜間拚搏的守護者

當你晚上進入夢鄉時，有一羣人卻在夜間出動。他們是夜班司機、運輸工人、售貨員、清潔工人等，為了使到這個繁榮的城市在夜裏運作如常，而提供不同服務，默默付出。

果欄的運輸工人

每天我們吃到的新鮮水果，大多來自果欄。世界各地的水果運送到果欄後，便由運輸工人推着電動唧車通宵工作，在各大街市或水果檔營業前，把水果全速運送抵步。

魚類批發市場

全港規模最大的魚類批發市場位於香港仔。凌晨三時多，這裏的海鮮檔已開工，一邊等待漁船運送魚穫，一邊忙着預備開市。漁市場除了批銷新鮮海產，也提供加工服務。

勤勞的加班族

即使夜深，仍可見到不少大廈的單位依然燈火通明。這是默默耕耘的上班族，即使下班時間到了仍在辦公桌前埋頭苦幹。香港在世界上以高效見稱，有賴這些辛勤的上班族。

便利店職員

香港處處可見便利店蹤影，它們大部分24小時營業，即使人們深夜突然有急需，都有職員在場服務，讓大家買到藥物、食物等。

肚皮的深宵補給站

香港是不夜城，有些餐廳通宵營業，既為在夜間辛勞工作的人提供食物補給，也為想感受香港夜生活的遊客提供美食場所。

夜班司機

當港鐵尾班車陸續開出，負責駕駛通宵巴士、小巴和的士的司機紛紛就位，接載乘客前往目的地。

辛勤無私的清潔工人

要維持香港的整潔，清潔工人非常重要。他們由早工作至晚上，清掃街道、收集垃圾等，經歷日曬雨淋，部分在酒店或大廈工作的清潔工人更要通宵工作。

讓住客安心的保安員

晚上人們拖着疲倦身軀回家時，夜更保安員才剛上班。全賴他們徹夜不眠，檢查進出的陌生人，並定時巡樓，才令住戶安然入睡。

港鐵維修工程員

港鐵安全、迅速，有賴深宵趕工維修的工程人員。每晚收車後，工程人員都要在短短數小時內完成一百多項保養及維修工作，包括換路軌、檢查天線等等，真的不簡單啊！

火速趕工的修路工人

香港交通繁忙，道路難免會有損耗，但日間車輛川流不息，修路工人只能在晚間以安靜方式給路面全速搶修，務求在日間恢復通車。

77

答案

P.8-9

1. 直升機聲音   2. 裝修聲音   3. 交通燈聲音

P.22-23

P.36-37

P.50-51

P.64-65

作者簡介

新雅編輯室

　　新雅文化事業有限公司於1961年成立，至今已逾60年，出版的讀物陪伴了不少香港人長大。

　　這裏雲集一羣喜愛兒童，對出版充滿熱情和幹勁的編輯。我們關注兒童和青少年成長需要、家長和教師在教養和教學上所需的支援，以及肩負傳揚文化的使命，因而精心出版了不同題材的圖書。

畫家簡介

鄧子健

　　兒童繪本作者及插畫家，Brother Studio 畫室總監，香港創意藝術會會長，香港青年藝術創作協會主席。作品包括：《香港傳統習俗故事》系列、《香港老店立體遊》系列、《漫遊世界文化遺產》和《世界奇趣節慶》系列等。

　　土生土長的香港人，對本地文化非常感興趣，閒時喜歡探索香港古蹟及文化習俗，近年在工作上參與研究香港的非物質文化遺產，希望能夠出版更多此類的兒童書，把香港傳統文化承傳給下一代。